PUBLICATION DU SPECTATEUR MILITAIRE

L'AÉROSTAT DIRIGEABLE

DE MEUDON

PAR

WILFRID DE FONVIELLE

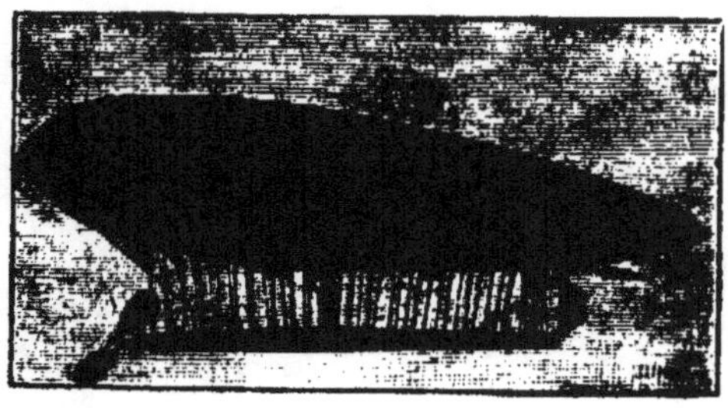

PARIS
A LA DIRECTION DU SPECTATEUR MILITAIRE
39, RUE DE GRENELLE-SAINT-GERMAIN, 39

1884

PUBLICATION DU SPECTATEUR MILITAIRE

L'AÉROSTAT DIRIGEABLE

DE MEUDON

PAR

WILFRID DE FONVIELLE

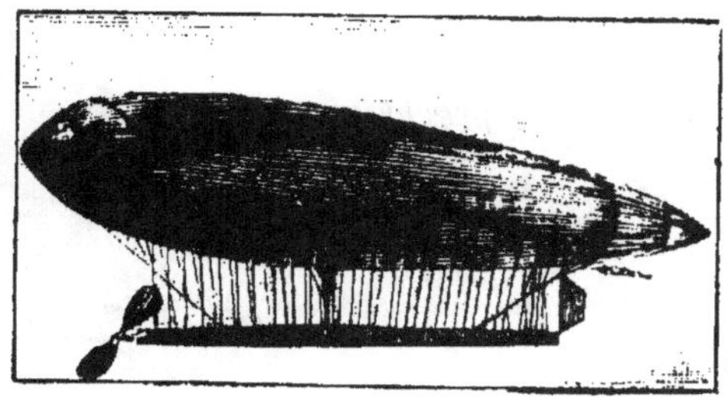

PARIS

A LA DIRECTION
DU *SPECTATEUR MILITAIRE*
39, RUE DE GRENELLE-SAINT-GERMAIN, 39

A. GHIO
ÉDITEUR
GALERIE D'ORLÉANS, 5, PALAIS-ROYAL

1884

OUVRAGES DU MÊME AUTEUR

AVENTURES AÉRIENNES DES GRANDS AÉRONAUTES

Un volume in-18 orné de nombreuses gravures.

Prix : 4 francs.

Ouvrage adopté par le Ministère de l'Instruction publique. L'histoire la meilleure, la plus complète et la plus intéressante qui ait paru des progrès de la navigation aérienne depuis son invention jusqu'à nos jours.

Pour paraître prochainement :

ENTRE LE CIEL ET L'EAU

(Extrait du *Journal des Voyages*.)

L'AÉROSTAT DIRIGEABLE DE MEUDON

Un gouvernement qui se proposait de travailler sérieusement à la régénération de la France ne pouvait oublier le rôle glorieux que les ballons ont joué pendant le siège de Paris. Aussi l'un des premiers soins de M. Thiers fut de demander les crédits nécessaires pour que l'on établit, d'une façon permanente, le service des communications aériennes, qui avait rendu de si utiles services à la patrie. Son installation eut lieu aux Invalides sous la direction du colonel Laussedat, du corps du génie, actuellement directeur du Conservatoire des Arts-et-Métiers.

Un peu plus tard, le ministre de la guerre se décida à organiser un établissement spécial qu'on plaça à Meudon, dans le parc de Chalais, vaste propriété domaniale close de murs, ayant 300 mètres dans sa plus petite dimension, et où par conséquent les opérations les plus compliquées pouvaient être effectuées en secret. C'est, paraît-il, dans ce lieu écarté que les expériences des mitrailleuses furent faites sous le règne de Napoléon III. Il est à peu de distance des ruines du château, où la Première République établit la célèbre école aérostatique, que le Premier Consul se hâta de fermer presque aussitôt après le coup d'état de brumaire.

L'on n'a pas cru nécessaire de créer comme en 1793 un corps spécial pour s'occuper des ballons. L'on s'est borné à prendre dans le corps du génie les hommes chargés des manœuvres. Des officiers de toutes armes ont été appelés à Meudon ; toutefois le commandement a été jusqu'ici exclusivement confié au génie. Les directeurs de l'École ont été le colonel Laussedat et le capitaine Renard qui appartient également à cette arme savante.

On a attaché à l'établissement un praticien aéronaute, un chef mécanicien, quelques ouvriers d'art et des femmes pour les travaux de couture, mais l'école a été exclusivement militaire dès sa fondation. Les travaux ont pris surtout une grande activité depuis l'époque où Gambetta fut nommé président de la Commission du budget. C'est par suite de son initiative persistante que des crédits importants ont été accordés à l'établissement, dont les travaux ont toujours été enveloppés d'un profond secret, et dont on n'entendait parler que de loin en loin, lorsqu'il survenait quelque accident dont la connaissance ne pouvait être soustraite au public.

C'est ainsi que l'on apprit le naufrage d'un ballon à bord duquel se trouvaient des officiers de Meudon, et qui s'était subitement ouvert au milieu d'une ascension. De temps en temps on voyait des aérostats s'échapper des mains des soldats qui les gonflaient, et pareille aventure arriva à l'usine de la Villette au ballon l'*Horizon*, appartenant au comte de Dion.

Tout à coup un article publié dans le *Moniteur* du 10 août, et quelques jours plus tard, une communication faite à l'Académie des Sciences, par M. Hervé Mangon, un de ses membres, nous apprennent que les officiers de Meudon ont trouvé l'art de la direction des ballons. Ils sont sortis du parc de Chalais et y sont rentrés après avoir effectué des évolutions contre le vent avec un aérostat allongé d'environ 50 mètres, d'un diamètre d'environ 8 1/2, cubant 1800 mètres environ, et gonflé avec du gaz hydrogène pur. Quoique l'expérience ait été exécutée à l'improviste et n'ait duré qu'une demi-heure (de 3 1/2 à 4 heures), elle a eu lieu devant un trop grand nombre de témoins se trouvant à Meudon, ou dans la forêt, pour que le fait annoncé par l'honorable académicien, et auquel il n'a point assisté, puisse être mis en question.

M. Hervé Mangon a parfaitement raison de dire que la journée du 9 août marquera dans les annales de la navigation aérienne. En effet, c'est la première fois qu'une ascension indiscutable vient établir que les aéronautes peuvent trouver dans l'air le point d'appui nécessaire pour exécuter toute espèce de mouvements. Jusqu'à cette épreuve mémorable, ils s'étaient bornés à dévier leur véhicule aérien du lit du vent qui les entraînait, et le public qui les voyait filer dans la direction générale des courants atmosphériques ne comprenait pas la force de la démonstration qu'ils donnaient. Pour triompher de certaines incrédulités systématiques, il fallait non seulement aller vers un point déterminé à l'avance, mais encore en revenir; c'est ce que les aéronautes de Meudon ont fait, en profitant d'un calme habilement choisi, et, de la sorte ils ont acquis des droits sérieux à la reconnaissance de la patrie et des amis du progrès. On doit les féliciter d'avoir obtenu un résultat dont les aéronautes militaires de toutes les autres nations seront certainement jaloux.

Ce qui a fait le caractère particulier de la dernière expérience des officiers de Meudon, c'est qu'ils ont à leur disposition un magnifique hangar possédant une vingtaine de mètres de hauteur, une quinzaine de largeur et environ quatre-vingts de longueur. Leurs ballons y sont abrités tout gonflés, ils n'ont qu'à les en tirer chaque fois qu'ils veulent procéder à une expérience ou une observation.

Leur grand mérite est de l'avoir utilisé d'une façon intelligente, dans la journée du 9 août dernier, et d'avoir établi à son aide, un fait physique considérable dont beaucoup de gens doutaient encore.

Sous certain point de vue, on peut dire qu'ils ont tenu d'une façon brillante la promesse que M. Dupuy de Lôme a faite en leur nom, au mois de juin 1883, lors de la célébration du centenaire des Montgolfier à Annonay ; mais, avant de les féliciter d'avoir fait faire de la sorte un pas considérable à l'art lui-même, il faudrait établir que l'appareil dont il se sont servis d'une façon incontestablement plus avantageuse est supérieur à ceux qui ont déjà paru, notamment à celui avec lequel M. Dupuis de Lôme a obtenu des mouvements très remarquables dans des circonstances très difficiles. En effet, le savant académicien, chassé en quelque sorte du terrain qu'il occupait à Vincennes, a été obligé d'exécuter sa grande expérience, en 1872, par un vent très violent.

On peut dire que le problème de la direction des ballons s'est trouvé posé dès l'apparition de la première montgolfière. La plupart des auteurs qui ont écrit sur cet événement étaient incapables de comprendre l'intérêt que la grande découverte à laquelle ils assistaient offrait pour l'étude des phénomènes météorologiques et astronomiques ; on ne saurait leur en faire un crime puisque les physiciens et les astronomes de nos jours ne sont guère plus avancés. Il n'y avait que la conquête de l'air qui excitât leur enthousiasme ; c'est uniquement parce qu'ils voyaient Éole vaincu qu'ils saluaient dans l'apparition des ballons l'inauguration d'une ère nouvelle.

Il faut avouer que la direction des ballons est de tous les problèmes techniques le plus séduisant. Il n'y en a pas qui semble plus digne de passionner non seulement un physicien ou un mécanicien, mais encore un philosophe. En effet, on ne pourrait citer de progrès qui semble devoir introduire une révolution plus radicale dans les rapports des nations.

Sans tomber dans les exagérations des rêveurs qui s'imaginent que les douanes seront supprimées par l'invention des ballons dirigeables, et qui croient que les chemins de fer ou les bateaux à vapeur auront dans les aérostats des rivaux dangereux, on doit reconnaître que la possibilité de diriger les mobiles aériens exercera une influence prodigieuse sur la civilisation du monde entier.

Certainement, le prix des voyages sera toujours trop élevé, pour que les ballons puissent prendre des passagers et du fret, excepté lorsqu'il s'agira d'expéditions de plaisance ou d'excursions scientifiques dans les régions actuellement inaccessibles, telles que les deux pôles, mais la possession d'aérostats réellement dirigeables aurait, au point de vue militaire, une importance telle, que la tactique se trouverait inévitablement modifiée.

Est-ce que les fortifications ne deviendraient pas complètement inutiles, si des aérostats, armés en guerre, et se tenant hors de la portée des projectiles de la terre, venaient se fixer au zénith des grandes villes assiégées; que deviendraient Londres, Paris, Berlin, Vienne, New-York ou Constantinople, si un navire de la flotte aérienne de l'ennemi, planant sur les points les plus particulièrement vulnérables, les aspergeait d'une véritable pluie de feu sans pouvoir être inquiété? La destruction acquerrait facilement des proportions si formidables, que la nation qui aurait à sa disposition un semblable engin dicterait facilement des lois à toute l'humanité. Il en serait de même de celle qui acquerrait dans la manœuvre de ces appareils la supériorité marquée, qu'il nous est sans trop de fatuité permis d'espérer.

En 1783, on se faisait sur la facilité du problème de la direction aérienne d'étranges illusions auxquelles la partie éclairée de la nation ne tarda pas à renoncer, et desquelles on peut même dire elle se dégouta trop facilement.

Les tentatives puériles faites avec des rames, des voiles, et d'autres agrès aussi inutiles que ridicules furent, il est à peine besoin de le dire, bien loin d'avoir le succès que leurs auteurs en attendaient. Les expériences des frères Robert, de Blanchard, et même celles que Guyton de Morveau exécuta pour le compte de l'Académie de Dijon, échouèrent complètement, en dépit des assertions intéressées de ceux qui les avaient exécutées.

Nous savons même, aujourd'hui que nous connaissons la valeur des frottements sur l'air, qu'il était impossible que ces tentatives produisissent le moindre résultat.

Ces gasconnades aéronautiques jetèrent un tel discrédit sur les expériences de direction qu'elles restèrent le domaine exclusif des rêveurs et des charlatans. Le dégoût fut si grand, qu'il engloba tous ceux qui se mêlaient de navigation aérienne, dans le but non pas de lutter contre les caprices du vent, mais de se livrer à l'étude de l'atmosphère, et avec le désir de trouver dans les airs des observations intéressantes, ou des aventures émouvantes.

L'étude philosophique de tous les procédés qui ont été sérieusement proposés, pour mettre le royaume des vents aux ordres de l'humanité, doit être considérée comme la partie la plus triste et la plus surprenante à la fois des annales de notre science. En effet, c'est là peut-être qu'on reconnait de quels excès est capable notre raison, une fois qu'elle a déraillé.

On voit des gens instruits et intelligents user leur vie à tenter la construction d'un immense ballon en tôle de cuivre, ou à enlever dans les airs une immense carcasse en bois surchargée de gigantesques plans inclinés.

Dédale et Icare ont encore de nos jours des successeurs qui s'épuisent en combinaisons souvent très dispendieuses pour faire mouvoir des ailes plus ou moins semblables à celles de grandes chauves-souris.

Des milliers de personnes ont assisté gravement à l'enlèvement d'un appareil trop lourd pour quitter terre mais qui devait commencer à planer quand on l'aurait élevé assez haut pour que le poids de la colonne d'air qui était au-dessous pût faire équilibre au sien.

L'année dernière, est mort dans la banlieue de Paris, un pauvre diable qui avait passé sa vie à colporter le plan d'un ballon-tunnel, revêtu extérieurement d'une hélice, et que les voyageurs étaient chargés de faire tourner avec leurs pieds, à peu près de la même manière qu'un écureuil met en mouvement la cage dans laquelle il est renfermé.

De célèbres électriciens, qui ont fait preuve d'une habileté hors ligne dans leur art, ont dépensé près d'un demi-million pour réaliser les élucubrations d'un maniaque, qui voulait faire le vide à l'avant d'un ballon-saucisson.

Nous connaissons un honnête marchand de chaussures qui, au lieu de se borner à être un disciple docile de saint Crépin, veut diriger les ballons en faisant tourner un appareil qui ressemble à un véritable moulin à café.

On publia des volumes écrits avec infiniment de verve et d'esprit pour démontrer que les corps plus lourds que l'air pouvaient seuls se diriger dans l'atmosphère, et que pour s'élancer dans l'espace infini et sans bornes, il fallait construire un oiseau mécanique. La *Sainte Hélice* eut ses dévots, presque ses fakirs, qui firent retentir tous les échos de la publicité avec leurs vaines et sonores divagations.

Si l'on en excepte quelques combinaisons sérieuses, qui furent proposées à la fin du siècle dernier, et qui furent ensuite bien vite oubliées, il faut aller jusqu'en 1850 pour trouver des recherches dignes d'occuper notre attention. Mais, à cette époque, déjà ancienne, un jeune homme d'un rare génie, alors complètement inconnu, réunit dans un brevet des plus étendus et des plus remarquables l'ensemble des moyens pratiques que l'on doit employer pour diriger les ballons.

Ce jeune homme était M. Henry Giffard, inventeur de l'injecteur qui devait lui donner bientôt une immense fortune et une glorieuse célébrité.

Dans ce travail mémorable, M. Henry Giffard établit qu'il n'y a aucune raison pour croire que les ballons doivent avoir des ailes comme les êtres qui habitent l'atmosphère, où l'on a la prétention de les diriger. Si l'homme peut profiter des observations que la nature lui permet de faire, d'où lui viennent en réalité toutes ses idées, c'est à condition qu'il modifiera profondément les éléments que le monde extérieur lui fournit.

Si les mobiles aériens doivent être assimilés à des animaux, c'est principalement à ceux qui vivent dans l'eau. En effet, comme les poissons, ils sont complètement immergés dans le milieu où ils doivent se mouvoir. La seule différence, c'est que leur milieu est beaucoup plus rare et que par conséquent leurs dimensions doivent être beaucoup plus considérables pour qu'ils puissent se soutenir en vertu des lois de l'équilibre des corps flottants.

Quoique ce milieu semble se dérober sous l'action des organes mécaniques, il n'en est rien, et la résistance exercée sur les projectiles le prouve surabondamment.

Mais pour agir sur lui il faut des appareils qui puissent se mouvoir avec une grande vitesse, de sorte que l'hélice qui produit des effets si énergiques dans l'eau, ne saurait rendre des services analogues dans l'air, que si on arrivait à la faire tourner assez rapidement pour qu'elle y rencontrât des résistances comparables.

Comme les résistances que les fluides exercent sont en raison directe du carré des vitesses, et que le poids spécifique de l'air est 900 fois plus faible que celui de l'eau, il est indispensable de donner à l'hélice aérienne une vitesse absolue 30 fois plus considérable. Cette condition ne serait pas possible à remplir si l'on n'avait trouvé le moyen de remplacer l'augmentation du nombre de tours par celui du diamètre de sorte que si l'on prend des hélices suffisamment grandes, la multitude des révolutions peut être modérée.

Ce sont ces considérations excessivement scientifiques et partant de prémisses indiscutables qui ont conduit l'illustre ingénieur à des travaux que l'invention de l'injecteur n'a pas interrompus, et dont il s'occupa toute sa vie. L'expérience du 3 août n'a pas changé ce qu'il a établi.

Le même ordre de considérations l'amena à diminuer la résistance que l'aérostat oppose à la propulsion en modifiant sa forme, et en lui donnant, comme on l'avait proposé avant lui, une figure allongée.

Mais il reconnut en outre, ce qui constitue la principale de ses découvertes, qu'il ne faut pas se donner le problème d'attacher l'hélice aérienne au ballon porteur, ce qui entraînerait des complications inouïes. Il suffit de la fixer à la nacelle ; on est certain que le mouvement se communiquera par les cordes de susde suspension de sorte que le ballon sera entraîné tout comme si le moteur y était directement appliqué.

C'est en se conformant strictement à ces principes que M. Henry Giffard entreprit les deux grandes expériences de 1852 et de 1855, et qu'il emporta du feu dans les ballons allongés, à l'aide desquels, il obtint de sensibles déviations. La première de ces expériences fut exécutée à l'Hippodrome en présence d'un public immense et produisit la plus vive sensation. Si on oublia la démonstration à laquelle le tout Paris d'alors assista, c'est que M. Giffard était pauvre et inconnu. Des expériences interrompues parce que la compagnie ne voulut plus fournir le gaz nécessaire avaient ruiné ses amis.

M. Henry Giffard construisit ensuite les ballons captifs qui figurèrent à l'Exposition universelle de 1867 et de 1878, et qui furent considérés comme une des merveilles de Paris. Mais M. Henry Giffard n'avait pas l'honneur de porter l'épaulette, il n'appartenait et n'avait jamais appartenu à aucun titre à l'armée.

Le gouvernement ne le traita pas plus favorablement que toutes les personnes qui avaient consacré leurs loisirs à l'étude de la navigation aérienne. On ne lui demanda pas une seule fois son avis, et l'on chargea du soin de résoudre les problèmes aéronautiques des officiers qui ne s'étaient jamais occupés de ballons, et qui se trouvaient tout neufs, sans expérience, en présence des plus immenses difficultés.

Les inconvénients de l'ostracisme dont fut frappé l'homme qui avait marqué la voie que la navigation aérienne doit suivre ne se manifestèrent point d'une façon éclatante aussi longtemps que l'on se borna à préparer les ballons captifs pour les armées. Certainement, nombre de tâtonnements auraient pu être évités si l'on avait procédé d'une autre façon ; mais les principes étaient tellement évidents, l'exemple donné par les magnifiques ballons à vapeur que tout le monde avait vu fonctionner aux Expositions universelles de 1867 et de 1878, était si entraînant, que ses nombreux émules durent se résigner au rôle de copistes, après avoir repoussé des solutions fantaisistes qui les avaient séduits dans les premiers instants. Les ballons captifs que l'on envoie maintenant aux armées laissent peu à désirer. Ils sont d'une manœuvre aussi commode que le permet la nature. L'art humain a peu de chose à ajouter si ce n'est dans la préparation du gaz hydrogène pur à l'aide duquel ils sont gonflés.

C'est aux tacticiens qu'il incombe de dire si les services que ces machines, incommodes à traîner à la suite des armées, valent la peine qu'on encombre les trains militaires d'un engin sans grand usage, excepté dans un pays où, comme au Tonkin, l'on peut espérer que l'on agira sur le moral de l'armée ennemie.

L'emploi des ballons pour le siège des places fortes, ou pour leur défense, peut être considéré comme parfaitement établi, si l'on tire un parti suffisant des incidents aéronautiques du siège de Paris, dont malheureusement le souvenir s'oblitère, car c'est la seule partie des annales de l'année terrible dont une version officielle n'ait point été publiée.

Mais il n'en a pas été de même lorsque les gouvernements ont voulu résoudre le grand problème de la direction des ballons, et que de savants officiers ont reçu l'ordre d'inventer une solution ce qui demande un extraordinaire génie. Des tâtonnements ont été innombrables, les erreurs sans cesse renouvelées. Quoique, vis-à-vis de ses émules, l'école de Meudon ait maintenu sa supériorité, elle ne s'est pas immédiatement lancée dans la voie féconde où elle vient d'obtenir le beau succès dont nous cherchons à déterminer la nature et la portée.

Il y a sept ou huit années, M. le capitaine Renard croyant avoir découvert un principe nouveau employa l'intermédiaire du colonel Laussedat, comme il emploie aujourd'hui celui de M. Hervé Mangon, pour mettre le public au courant des détails de son plan merveilleux. La communication fut faite à *l'Association française pour le Progrès des Sciences* sous le titre pompeux : *Des derniers progrès de la navigation aérienne.*

Ces progrès prétendus ne consistaient que dans la réédition d'un plan déjà ancien dont nous avons vu que M. Henry Giffard avait démontré l'inanité.

Avec une naïveté singulière, comme s'ils n'avaient lu ni les brevets de l'inventeur de l'injecteur, ni le récit de ses expériences, ni celui des tentatives grotesques des malheureux inventeurs imaginant de perforer leur aérostat, les auteurs du mémoire revenaient à l'idée d'un axe traversant le ballon porteur, muni de l'hélice aérienne et mu à l'aide d'une courroie de transmission par un moteur à vapeur placé dans la nacelle de l'aérostat. Il paraît même qu'ils allèrent jusqu'à proposer de creuser dans le grand axe de l'aérostat un tunnel qui le traverserait de part en part et au milieu duquel une hélice aérienne serait mise en mouvement.

Non seulement les sophismes sur lesquels reposent ces étranges méthodes avaient déjà été réfutés par M. Henry Giffard près de trente ans auparavant comme nous l'avons vu plus haut, mais ils l'avaient été par M. Dupuy de Lôme. Cet illustre ingénieur avait été chargé par le gouvernement de la Défense nationale de la construction d'un grand ballon dirigeable destiné à forcer le blocus prussien deux fois, une première pour gagner la province, et une seconde pour revenir à Paris.

En pleine guerre, au milieu des douleurs de l'année terrible, les autorités donnèrent un magnifique exemple de la confiance que l'on doit avoir dans la supériorité des Français, au point de vue de l'art aérien. Avec une haute intelligence scientifique, le gouvernement de la Défense nationale comprit que le peuple qui a produit tant d'aéronautes célèbres n'a rien à redouter de la concurrence étrangère, et que par conséquent on peut sans crainte livrer à la discussion publique tous les éléments des constructions aériennes.

Ce sera surtout et presque exclusivement la France qui profitera des découvertes résultant du mouvement d'idées que l'on provoquera ainsi.

Nous n'avons, au point de vue de la conquête de l'air, à nous protéger que d'une seule chose, fort à redouter en ce moment du découragement provenant des déceptions produites par les balivernes débitées par des prétendus écrivains scientifiques aussi aveugles dans les éloges qu'ils donnent à l'expérience du 9 août, qu'ils le seront dans les critiques dont ils la cribleront lorsque leurs folles espérances seront déçues.

Évidemment, si l'on rend l'axe de l'hélice solidaire

de la nacelle, on doit créer par la translation une couple d'une certaine valeur, puisque le point d'application de la force motrice sera situé au-dessous du centre de figure du ballon. Il y aura un effort de torsion, puisque la résistance opposée par l'air au mouvement s'exerce en dessus. M. Dupuy de Lôme le reconnaît avec autant de bonne foi que Henry Giffard l'avait fait.

Mais il prouve en même temps par des calculs irréfutables, que l'on peut lire dans les comptes rendus de 1850 à 1852, que l'effet de ce couple pertubateur est négligeable quand on maintient l'allongement dans les proportions modérées qu'il indique, c'est-à-dire dans le rapport de 1 à 2 1/2.

Il explique, que s'il renonce à la forme sphérique, ce n'est pas tant pour diminuer les frottement sur l'air que pour arriver à gouverner, en se débarrassant des embardées qui seraient terribles avec le ballon rond.

Il n'hésite pas à condamner expressément les allongements exagérés, et il cite à l'appui de son dire une seconde expérience faite en 1855 par M. Giffard, avec un aérostat allongé, dans le rapport du 6 à 1. En effet, le voyage aérien de M. Giffard s'était terminé par une rupture d'équilibre produite par la disproportion de l'axe horizontal. Le ballon avait fait la cabriole, le filet avait glissé, et déposé à terre les deux voyageurs, qui auraient été tués si la catastrophe avait eu lieu un peu plus haut. Quoique naufragés près de terre, ils s'étaient trouvés renversés au milieu des débris de leur ballon, pendant qu'une portion de l'enveloppe s'échappant et décrivant une parabole, avait été retomber 500 mètres plus loin.

Les chiffres que nous donnons plus haut prouvent que les résultats de l'expérience de M. Giffard et les sages avis de M. Dupuy de Lôme n'ont point eu l'accueil auquel ils avaient droit.

L'exagération de la longueur oblige à craindre qu'on n'ait que très peu de services à attendre de l'appareil fort coûteux à l'aide duquel on a donné la précieuse démonstration du 9 août.

On peut même croire que le voyage du 9 août aurait pu avoir des suites funestes pour les officiers qui s'étaient bravement embarqués à bord d'un appareil aussi dangereux, si l'air n'avait été d'un calme remarquable et s'ils n'avaient employé quelques moyens artificiels pour rétablir l'équilibre chaque fois qu'il était troublé.

Nous regrettons de ne pas connaitre tous les détails de ce procédé que nous serions enchanté d'indiquer aux Allemands. Nous voudrions voir leurs aéronautes militaires, déjà distraits par tant de soins multiples, chargés par-dessus le marché d'exécuter des manœuvres plus ou moins analogues à celles de Blondin sur son câble, car les aéronautes de Berlin faisant plus d'une fois la cabriole seraient certainement précipités du haut du ciel comme le fut Vulcain.

Mais arriverait-on par miracle à se tenir en équilibre qu'on perdrait, avec un allongement exagéré, une des propriétés les plus précieuses des ballons. Monter et descendre à volonté, se maintenir indéfiniment dans l'air à un niveau déterminé, et choisir ce niveau de manière à atteindre une direction cherchée : voilà en effet, la propriété qui est certainement la plus précieuse parmi toutes celles que possède un aérostat et auquel l'ingénieur aéronaute ne doit renoncer à aucun prix.

Même lorsque la stabilité serait conservée il serait absurde d'adopter un allongement qui ne conserverait point intacte cette faculté dans laquelle Pilâtre des Roziers et les aéronautes de son école faisaient consister tout l'art de diriger les ballons.

N'y aurait-il pas, en effet, folie à dépenser une force motrice considérable, à lutter contre un vent d'une certaine violence quand il suffirait de jeter un sac de lest pour rencontrer à quelques centaines de mètres le courant favorable, qui porterait vers le but désiré avec une vitesse beaucoup plus grande que celle qu'on pourrait se procurer en usant, soit du combustible, soit de l'électricité.

Qu'il nous soit permis de nous élever contre une habitude trop fréquente de faire bon marché du passé, comme s'il n'y avait pas dans les expéditions aériennes une tradition déjà ancienne et qui fait la force de l'aéronautique française.

Après la chute du ballon l'*Univers*, dans lequel plusieurs officiers furent blessés, on fit mettre en pièces ou vendre à l'encan les ballons du siège de Paris, dont un certain nombre au moins auraient pu servir à exécuter des expériences intéressantes.

Le ballon dirigeable de M. Dupuy de Lôme qui avait été construit avec le plus grand soin, et qui n'a servi qu'une fois, n'a pas été mieux traité. Nous en avons vu, de nos yeux vu, les débris employés comme une toile d'emballage, dans une ascension à laquelle nous avons assisté.

Combien il est à regretter qu'on ne puisse le reprendre, le gonfler de nouveau, et mettre en mouvement son hélice avec une pile au bichromate, ou avec des accumulateurs pour comparer les résultats qu'il donnerait avec ceux qu'on a déjà obtenus avec les hommes qui étaient chargés de tourner son hélice à bras.

En effet, il serait très regrettable de laisser accréditer l'idée que dans l'expérience du 9 août l'on a remplacé la machine à vapeur par un moteur plus léger.

Admettons pour un moment que l'on puisse embarquer à bord d'un aérostat un cheval-heure électrique qui ne pèse pas 60 kilog. comme celui de M. Gaston Tissandier, obtenu avec une pile au bichromate de potasse, mais qui soit réduit à 20 kilog. comment l'annoncent les capitaines de Meudon dans leur communication. Ce poids serait encore bien supérieur à celui des consommations d'une machine à vapeur qui ne brûlerait pas beaucoup plus d'un kilog. de charbon, la majeure partie de l'eau vaporisée pouvant être de nouveau condensée.

Mais l'électricité, surtout celle des accumulateurs, possède un avantage immense, elle n'offre aucun danger et elle est toujours prête à marcher.

En prenant la machine électrique, l'aéronaute sait bien qu'il adopte un mécanisme lourd et relativement peu puissant, mais il a un moteur commode qui lui permet de s'adonner entièrement à la solution des questions de forces, d'équilibre, de gouvernail, problèmes multiples, et qui suffisent et au delà à concentrer toute son attention. En outre, avec ce moteur relativement inférieur, il lui serait possible d'obtenir à la guerre quelques-uns de ces résultats qu'il faut atteindre à tout prix, mais il faudrait évidemment que la machine du navire aérien put marcher plus de trente-cinq minutes comme le 9 août et surtout plus de dix comme le 12 septembre, à ce point de vue spécial les deux sorties de Meudon ne prouverait rien du tout; elles sont à recommencer.

Pour apprécier l'importance de l'introduction de la machine électrique, il ne faut pas la mettre en comparaison avec la machine à vapeur de M. Henry Giffard, mais avec les moteurs animés de M. Dupuy de Lôme.

En effet, le savant ingénieur maritime a eu, comme M. Tissandier, l'idée de remplacer la vapeur pour une application précise et déterminée. Faute de mieux, il a pris la force humaine, la seule qui fût à sa disposition dans l'état actuel des sciences. M. Tissandier remplaça le moteur animé par une pile qui, cette fois, est moins pesante, et offre de plus l'avantage d'être moins encombrante, plus docile et toujours prête à marcher.

Si l'expérience doit durer deux heures, un homme dont le poids moyen est de 70 kilog. ne donnera pas plus d'un quart de cheval-heure, tandis que la pile de M. Tissandier donnerait pour le même poids près d'un cheval-heure et demi.

M. Tissandier n'a pas l'intention ni la prétention d'avoir donné une solution définitive, mais il prépare les solutions futures en employant un moteur qui permet d'étudier la tenue en l'air, les manœuvres aérostatiques, l'art de gouverner, en un mot toutes les fonctions multiples dont la solution est nécessaire pour l'organisation de la direction des ballons.

C'est pour cela qu'il a eu bien raison de s'assurer par une pièce officielle, la priorité des droits très sérieux que sa clairvoyance lui a acquis.

Lorsque M. Tissandier a pris son brevet pour la direction des aérostats à l'aide de la force motrice produite par un courant voltaïque, engendré soit par une pile, soit par une série d'accumulateurs, les aéronautes de Meudon étaient engagés dans des recherches stériles, dont ils avaient pris l'idée en Allemagne.

Au lieu de s'adresser à la machine à vapeur, ils avaient imaginé de construire une machine à gaz, c'est-à-dire un appareil lourd, encombrant, diminuant constamment le pouvoir ascensionnel de l'aérostat et entraînant des dangers d'incendie parce que le feu est donné à chaque coup de piston par une machine d'induction. Aussi se sont-ils empressés de renoncer à ces combinaisons germaniques et bâtardes, dès que M. Gaston Tissandier a présenté son ballon électrique à l'Exposition d'électricité. Le succès hors ligne de cet aéronaute a été un trait de lumière. Ils se sont convertis à cette idée si simple sans penser à regarder dans la collection des brevets !

Qu'il nous soit permis d'ajouter que les aéronautes de Meudon n'auraient jamais eu à renoncer aux machines à gaz s'ils avaient pris la peine de consulter M. Henry Giffard. En effet, l'illustre ingénieur leur aurait fait remarquer qu'il était très simple de brûler sous le foyer de la machine à vapeur la quantité de gaz répondant au combustible consommé, et à la perte de l'eau que l'on ne pourrait condenser. Il leur aurait même appris qu'à l'aide de combustions ou d'évaporations systématiques on pouvait même faire changer le niveau de l'aérostat, de sorte que tout, jusqu'au gaz pour descendre et au lest pour monter, peut devenir élément de la propulsion.

Malgré l'idée très avantageuse que nous sommes disposés à avoir des talents des aéronautes du 9 août, nous sommes obligés de douter qu'ils aient réalisé dans la construction des récepteurs d'électricité, un progrès tellement avantageux que la machine à vapeur ait été réellement vaincue. Mais en serait-il ainsi que nous serions encore contraint de déclarer qu'on ne saurait admettre que l'expérience est la première *pratique* qui ait été exécutée.

En effet, la pratique de la navigation aérienne ne consistera jamais à attendre un air calme pour rentrer à son port d'armement. Pour faire de la pratique, l'aéronaute qui conduira un ballon dirigeable ne devra pas se tenir en vue de son abri, mais se lancer dans l'atmosphère même troublée, afin de profiter de la différence de direction des vents. Sachant bien que c'est dans des cas très rares qu'il pourra lutter directement contre un courant sérieux, il devra surtout chercher à atteindre son but en tirant des bordées comme M. Dupuy de Lôme a appris à le faire, et en changeant de niveau, comme Pilâtre des Roziers l'a tenté.

L'expérience du 9 août est donc essentiellement théorique ; si elle possède en réalité une grande importance et mérite les éloges que la presse lui prodigue, c'est à un tout autre point de vue que celui que l'on croit

Si elle a une importance capitale, c'est qu'elle a permis de montrer aux ignorants et aux sceptiques de parti pris, que la recherche de la direction des ballons ne doit pas être confondue avec la quadrature du cercle ou le mouvement perpétuel. Le but n'est pas au-dessus des efforts des ingénieurs et des physiciens comme tant de sceptiques le supposaient; mais la solution pratique et définitive ne doit être cherchée ni avec l'allongement que les aéronautes de Meudon ont adopté, ni avec le propulseur qu'ils ont employé, à moins de progrès électriques dont nous n'avons point l'idée, et que rien ne fait supposer.

Depuis le 9 août 1884 il n'y a rien de changé dans la navigation aérienne, il n'y a qu'une expérience de plus qui est importante parce qu'elle donne la démonstration *populaire* dont les ignorants avaient besoin; mais si l'on doit féliciter les officiers de Meudon du succès qu'ils ont obtenu à ce point de vue, il serait dangereux de le faire dans les termes dont M. Hervé Mangon s'est servi devant l'Académie, et en s'appuyant sur les raisons qu'il a indiquées.

Nul doute que l'éclat avec lequel a eu lieu cette expérience ne surexcite le zèle des chercheurs, et que nous soyons prochainement appelé à rendre compte de tentatives très intéressantes dirigées vers le même but.

Mais il y aurait danger à laisser s'accréditer l'erreur que pour qu'une expérience de direction réussisse il faut que le navire aérien revienne au bercail.

La direction consiste au contraire à marcher dans un sens déterminé, et à atterrir dans un lieu choisi d'avance, lorsque les conditions atmosphériques ne sont pas visiblement contraires au voyage que l'on entreprend.

Nous croyons que c'est dans de semblables épreuves qu'il faut placer l'avenir de la direction aérienne, et non pas dans des travaux solitaires, mystérieux, accomplis dans des conditions le plus souvent ruineuses pour l'Etat.

Malgré le succès obtenu par les officiers de Meudon, et précisément à cause des circonstances dans lesquelles s'est produit ce succès, nous croyons que la commission du budget ferait une œuvre patriotique et économique à la fois, en ne consacrant pas des sommes nouvelles à leurs études, avant de voir quels seront les progrès que le retentissement de l'expérience du 9 août suscitera hors de son sein. N'est-ce point en favorisant cette noble ardeur des hauteurs sublimes, autant qu'on peut le faire sans grever le budget, que le gouvernement de notre République arrivera à donner une réalité aux rêves de 1783.

La libéralité avec laquelle M. Giffard a abandonné à l'Etat une fortune de six à sept millions semble fournir un moyen d'ouvrir des concours dans le but d'encourager des essais de ce genre. En effet rien ne serait certainement plus conforme aux intentions du testateur que de favoriser le développement de la science à laquelle il a consacré la majeure partie de ses travaux.

Le problème de la direction aérienne est d'une difficulté beaucoup plus grande que ne le supposent ceux qui y consacrent leurs veilles. On peut dire, que si tous se rendaient compte de son excessive complication, on verrait éclore à chaque printemps bien moins de projets en l'air.

Nous n'avons encore indiqué dans les lignes qui précèdent qu'un petit nombre des difficultés dont les meilleurs aéronautes auront à triompher. Non seulement ils auraient à maintenir leur gaz, mais il faut en outre qu'ils se préoccupent des changements de forme de leur ballon, des ruptures d'équilibre provenant de la pluie, de la grêle, de l'action du soleil, de celle des nuages ou du rayonnement vers les espaces célestes. Il faut qu'ils apprennent à lire leur direction sur la voûte céleste, car la surface de la terre leur sera très souvent cachée. Il est indispensable qu'ils se garantissent contre les effets de la foudre qui seront d'autant plus redoutables qu'elle pourrait être appelée par le mouvement de leur navire aérien, ou attirée par les objets en fer que la nacelle d'un ballon dirigeable renfermera inévitablement en grand nombre.

On peut dire, que pour triompher d'obstacles aussi prodigieux ce n'est pas trop de toutes les forces vives de la nation. Quel espoir de succès resterait-il donc si on écartait systématiquement tous les hommes qui n'appartiennent point à l'administration, mais qui n'en sont pas moins dévoués à la patrie, et dont quelques-uns ont étudié la navigation aérienne, alors que les savants officiels n'avaient pour elle qu'indifférence et mépris.

Appelé en Angleterre, pour prendre part à la célébration du centenaire de la première ascension aérostatique, nous avons eu la bonne fortune de profiter de cette occasion pour rectifier les idées erronées, que l'exagération des amis de MM. Renard et Krebs avait semées de l'autre côté du détroit. Jamais la profondeur de la fable de l'ours et de l'amateur des jardins n'avait été mise autant en évidence.

Ramenant à de justes proportions les travaux des deux laborieux officiers, nous avons été assez heureux pour leur faire rendre la justice qu'ils méritent. Nous avons montré que si leur aérostat dirigeable ne peut être employé pour aller par voie aérienne au secours du général Gordon, il pourrait être de quelque utilité pour rentrer dans une ville investie comme l'était Paris en 1870 et 1871.

Si le ballon de Meudon avait existé à cette époque néfaste sans les défauts que nous n'avons pas eu de peine à signaler, si sa pile avait eu l'efficacité que lui attribuent les inventeurs, s'il avait pu s'élever dans la zone où les balles prussiennes n'auraient pu l'atteindre, Gambetta aurait pu rentrer à Paris presque aussi facilement qu'il en était sorti. Il aurait peut-être couru des dangers moins grands que ceux qui résultèrent du peu d'adresse de son aéronaute.

Les chances auraient été d'autant plus sérieuses, que la pile aurait été plus parfaite ; c'est dans ces limites que le perfectionnement indiqué par M. le capitaine Renard peut avoir une véritable valeur, en admettant qu'il soit réel, et que l'honorable capitaine ne se soit pas trompé dans ses évaluations.

Les résultats de l'expérience du 9 août ont été admirablement corroborés par ceux que MM. Renard et Krebs ont obtenus dans la journée du 12 septembre devant le ministre de la guerre. M. Gaston Tissandier, le savant directeur du journal *La Nature*, ayant été averti à temps, a pu assister à toutes les phases de l'expérience qu'il décrit de la façon la plus complète dans le numéro du 20 septembre de son intéressant journal.

« Dès la matinée du 12 septembre, l'aérostat à hélice était arrimé dans le vaste hangar, où malgré ses dimensions il se trouve complètement enfermé, à l'abri des intempéries atmosphériques. A 3 h. 25 m. de l'après-midi, un petit ballon d'essai a été lancé de l'enceinte de Chalais-Meudon ; il était entraîné assez rapidement par un vent nord-est. Le ciel était bleu, de nombreux cumulus blancs planaient çà et là dans l'atmosphère ; il y avait à terre une brise appréciable, et les feuilles des arbres étaient parfois agitées par un vent léger. A 3 h. 55 m., une voiture arriva devant le hangar même de Chalais-Meudon ; M. le ministre de la guerre en descendit ; il fut reçu par MM. les capitaines Renard et Krebs qui lui firent visiter leur matériel à l'intérieur du hangar. A 4 h. 25 m., le moteur fut essayé à terre, et on aperçut à travers les vitres de la gare aérostatique l'hélice qui accomplissait ses rotations.

« A 4 h. 45 m., l'aérostat fut détaché de ses amarres, sa longue nacelle tenue par une quarantaine d'hommes de manœuvres, servit à le transporter en dehors, au-dessus de la pelouse qui s'étend à l'entrée de la gare de remisage. MM. Renard et Krebs se tenaient au milieu de leur nacelle qui a la forme d'une longue yole de canotage.

« L'aérostat s'éleva lentement en gardant une stabilité parfaite, la nacelle restait absolument horizontale. L'hélice fut aussitôt mise en mouvement, et le gouvernail fut actionné pour virer de bord. Le ballon allongé commença d'abord à descendre le courant aérien, puis sous le jeu de son gouvernail, il décrivit un demi-cercle et navigua vent debout. L'hélice tourna aussitôt avec un peu plus de rapidité, mais le nombre de tours ne dépassa pas 40 à la minute; le navire aérien tint tête au vent, et pendant plusieurs minutes, on le vit rester absolument immobile au-dessus des arbres, dont il ne semblait pas éloigné de plus de 200 mètres. Une manœuvre du gouvernail fit incliner l'axe du navire, qui prit alors le vent en biais, et il semblait qu'il allait pouvoir se rapprocher de son point de départ. Peut-être s'il avait lutté longtemps ainsi, aurait-il réussi; mais après dix minutes de fonctionnement, montre en mains, à 4 h. 55 m., le moteur, par suite d'un accident, cessa de fonctionner, et le ballon fut emporté par le courant aérien. On le vit s'éloigner de son point de départ, jusqu'au moment où il descendit avec assez de rapidité, pour disparaître derrière le rideau d'arbres qui masquait l'horizon.

« Nous nous précipitâmes, mon frère et moi, à travers bois et à travers champs, dans la direction où semblait avoir eu lieu la descente. Après une demi-heure de marche rapide, nous arrivâmes à Vélizy, à l'ouest de Villacoublay, où nous aperçûmes l'aérostat à hélice qui venait d'exécuter son atterrissage dans les plus favorables conditions et sans aucun dégât du matériel. La descente avait eu lieu à 5 h. 10 m.; 25 minutes après le départ. La distance parcourue est en chiffre rond de 5 kilomètres. Le ballon de Chalais-Meudon étant resté stationnaire pendant 10 minutes sous le jeu de son hélice, il se trouve avoir parcouru un espace de 5 kilomètres en 15 minutes, ce qui indique que la vitesse du vent était pendant l'expérience de 20 kilomètres à l'heure, soit de 5 à 6 mètres à la seconde. La vitesse propre du navire aérien était précisément égale à la vitesse du courant au sein duquel il fonctionnait, puisqu'il y restait immobile avec vent debout.

«Le ballon proprement dit est enveloppé d'une housse ou chemise de suspension, dans laquelle il se trouve parfaitement sanglé de toutes parts, sauf à la partie inférieure. L'avant est d'un diamètre plus considérable que l'arrière.

« La nacelle est formée de quatre perches rigides de bambou, reliées entre elles par des montants transversaux. Elle a environ 33 mètres de longueur, et 2 mètres de hauteur au milieu. Trois petites fenêtres latérales sont réservées vers le milieu afin que les aéronautes puissent voir l'horizon et distinguer la terre. Cette nacelle, très légère et de forme élégante, est recouverte de soie de Chine tendue sur ses parois. Cette enveloppe a pour but de diminuer la résistance de l'air, et de faciliter le passage du système à travers le milieu ambiant. L'hélice est à l'avant de la nacelle, elle est formée de deux palettes, et a environ 7 mètres de diamètre; elle est faite à l'aide de deux tiges de bois reliées entre elles par des lattes recourbées suivant épure géométrique et recouverte d'un tissu de soie vernie parfaitement tendue.

« La nacelle est reliée à l'aérostat par une série de cordes de suspension très légères réunies entre elles au moyen d'une corde longitudinale qui, attachée vers le milieu, donne de la rigidité au système. Le gouvernail, placé à l'arrière, est à peu près rectangulaire, ses deux surfaces en étoffe de soie bien tendues sur un châssis de bois sont légèrement saillantes, en forme de pyramides à quatre faces de très faible hauteur. Le navire aérien est muni de deux tuyaux qui descendent dans la nacelle; l'un de ces tuyaux est destiné à remplir d'air le ballonnet compensateur, au moyen d'un ventilateur que l'on fait fonctionner dans la nacelle; le second tuyau sert probablement à assurer une issue à l'excès de gaz produit par la dilatation. A l'arrière de la nacelle, deux grandes palettes en forme de rames, sont fixées horizontalement; elles servent peut-être à écarter à droite et à gauche les cordes du gouvernail. »

Ce qui nous frappe le plus dans le compte rendu précédent, c'est que les hardis opérateurs ont pu échapper au sort d'Henry Giffard quoique leur ballon se soit trouvé cette fois au milieu d'un air réellement troublé. Ce résultat leur fait honneur; toutefois, nous devons ajouter qu'il ne faut pas se hâter de dire qu'il est contraire à nos prévisions, car il paraît qu'il est obtenu à l'aide d'un poids que l'on fait manœuvrer dans la nacelle, de manière à rétablir son horizontalité, toutes les fois qu'elle est troublée. On s'en aperçoit à l'aide d'un niveau à bulle d'air, disposé dans la partie centrale, où se tiennent les opérateurs.

Il n'est pas besoin de dire que ce procédé est fort précaire, et ne paraît pas de nature à rendre des services réels; quand l'air est agité de mouvements giratoires, qui se produisent surtout lorsque les vents sont accompagnés de troubles électriques. Il faut en outre ajouter que le ballon s'est toujours maintenu à une distance de terre, qui ne lui aurait pas permis de franchir les lignes ennemies, sans s'exposer à une perte certaine. L'aérostat est resté dans une zone beaucoup trop basse, pour une reconnaissance aérienne au-dessus d'une armée en campagne. En effet, même la nuit, la silhouette de l'aérostat se détache sur le ciel, de sorte qu'il n'échapperait point à l'atteinte des sentinelles s'il passait à leur portée.

Le rétablissement de l'équilibre pourrait se produire d'une façon beaucoup plus sûre à l'aide du procédé qui sert à donner à l'aérostat sa rigidité. Ne suffirait-il pas en effet de placer à chaque extrémité de l'aérostat une poche à air en communication toutes deux avec la machine soufflante. Suivant qu'on enverrait l'air à l'avant où à l'arrière, le ballon sé redresserait du côté de l'arrière ou de l'avant. Si la machine était aspirante, elle pourrait extraire d'un côté autant d'air qu'on en introduirait de l'autre.

Si l'on compare les résultats obtenus avec ceux de M. Dupuy de Lôme on voit que la vitesse est double, ce qui constate un progrès notable puisque la force motrice devrait être huit fois plus grande si l'on admet les formules connues.

Mais même avec la vitesse de 6 mètres les aéronautes auraient beaucoup de mal à lutter directement contre le vent. Nous croyons savoir que l'*Aéronaute*, dirigé par le docteur Hureaux de Villeneuve, va publier un travail dans lequel on montrera combien sont exagérées les espérances des navigateurs aériens et qu'il sufrait de marcher avec cette vélocité pour lutter trois fois sur quatre avec succès contre le vent. La proportion est malheureusement beaucoup plus faible, tellement faible que le régime général d'un ballon de 6 mètres serait de courir des bordées. Pour tirer parti d'une semblable vitesse, il faudrait que l'aéronaute fût un très habile météorologiste, ce qui, n'en déplaise aux savants qui constituent le bureau central de la météorologie française, nécessite la concentration de tous les services aériens, en une administration unique, dont les membres se décident quelquefois à quitter la surface de la terre.

De toutes les illusions, la plus dangereuse serait de croire à l'avenir définitif d'un ballon électrique, qui est certainement beaucoup plus inférieur au ballon à vapeur, qu'il n'est supérieur au ballon à bras d'homme.

Nous trouvons dans le *Petit Moniteur* du 24 septembre une note qui donne une explication fort plausible de l'accident à la suite duquel la pile Renard a refusé son service dans la seconde expérience :

« D'après les mesures de vitesse faites le matin au moyen des ballons-pilotes, le ballon avait dû remonter le vent avec une vitesse de près de 2 m. et revenir rapidement au-dessus de l'établissement de Chalais. Les aéronautes furent donc fort étonnés de voir que l'aérostat restait sensiblement immobile par rapport à la terre. Ils remontaient légèrement le courant aérien; mais leur vitesse était si faible qu'ils auraient mis plus d'une demi-heure à rentrer au port. Ils en conclurent que le vent auquel ils avaient affaire était plus rapide qu'il ne le croyaient, et pour en triompher plus nettement ils résolurent de faire agir sur le moteur la totalité de leur pile, ce qui devait porter la vitesse propre à 8 m. 40 environ par seconde et la vitesse par rapport au sol à 2 m. environ.

« Cette manœuvre fut rapidement exécutée; malheureusement il se produisit en ce moment dans le moteur un contact intérieur résultant d'un défaut d'isolement de quelques fils conducteurs. La machine s'échauffa rapidement, et il fallut interrompre le courant pour éviter la volatilisation des enduits et la destruction totale de l'appareil moteur. »

Admettons qu'il en soit ainsi, et que l'interruption soit due à une insuffisance de la machine, il est incontestable que son courant ne possède qu'une durée insignifiante et que, sauf les cas spécifiés plus haut, les expériences auxquelles elle se prête ne sont intéressantes que parce qu'elles ont en vue un objectif pratique, l'établissement d'une navigation aérienne sérieuse.

Quoique de courte durée, environ dix minutes, l'épreuve du 12 septembre a montré de nouveau que lorsqu'il s'agit d'une démonstration scientifique le temps ne fait rien à l'affaire. En effet, il a suffi de ces dix courtes minutes pour constater l'efficacité du gouvernail, et de ce côté le témoignage de M. Tissandier est formel.

Cet effet doit sans doute être attribué, comme nous l'avons déjà indiqué, à la forme de l'aérostat, à la situation intelligente qu'il occupe, à la manière dont il fait corps avec la nacelle, résultat auquel Henry

Giffard tenait beaucoup. Il voulait obtenir cette solidarisation à l'aide de deux perches formant brancard et qui auraient été placées à peu près à l'endroit où se trouve la nacelle de Meudon, peut-être un peu plus haut. Bien entendu, la nacelle Giffard aurait été suspendue à ce brancard par des cordes dont l'expérience aurait appris à déterminer la longueur.

Nous pensons cet arrangement bien supérieur au point de vue du poids, car la nacelle de Meudon est, en réalité, très pesante ; ce n'est qu'à l'œil qu'elle paraît légère.

L'atterrissage a eu lieu suivant les règles que nous avons indiquées dans une plaine et sans que la nacelle paraisse avoir touché la terre. C'est, on ne saurait trop le répéter, une condition essentielle pour qu'il s'exécute d'une façon sûre et sans naufrage.

Dans la seconde ascension que nous avons exécutée avec le ballon allongé de M. Pompéien, des buissons ayant empêché la nacelle de se mettre vent debout, le vent nous a pris par babord. Le ballon a été rapidement renversé, et si le courant aérien avait eu une énergie notable notre situation devenait dangereuse.

Il est bon de noter un projet mixte publié par M. Gabriel Yon, qui a accompagné Henry Giffard dans son ascension de 1853 et qui proposait de placer l'hélice sur le brancard pendant que la machine à vapeur serait restée dans la nacelle. La brochure de M. Gabriel Yon, qui a assisté M. Dupuy de Lôme dans ses constructions aérostatiques, a reçu assez de publicité pour que l'auteur puisse réclamer le bénéfice des dispositions analogues à celles qu'il avait indiquées dans ce remarquable travail.

Mais il serait absurde d'attacher en ce moment trop d'importance à des questions de priorité et de suivre l'exemple d'un physicien qui, prenant ses désirs pour des réalités, s'adresse à l'Académie des sciences comme si la question avait reçu une solution complète, et qui, dans le résumé sommaire dont il accompagne sa communication, commence par omettre les travaux les plus sérieux, les plus considérables, ceux qui font encore autorité pour la science.

Le grand problème à résoudre est de savoir comment s'y prendre pour obtenir commodément et sûrement, avec la vapeur, des résultats analogues à ceux qui viennent d'être constatés. Mais nous sommes persuadés que si l'on veut se borner à une vitesse réelle de cinq à six mètres par seconde, pendant un petit nombre d'heures, on pourra l'obtenir avec un ballon d'un allongement médiocre, pouvant s'élever facilement jusqu'à trois ou quatre mille mètres peut-être, sans sacrifier de lest, et qui, dans les mains d'un aéronaute habile et hardi, comme Eugène Godard ou Lhoste, produirait des merveilles. Il en est du ballon dirigeable comme d'un violon. Il faut certainement se préoccuper de l'excellence de la construction ; mais il ne faut pas oublier de tenir compte du talent de l'artiste qui doit jouer.

Pour des résultats modérés mais précieux, la force humaine n'a peut-être pas dit son dernier mot. L'expérience de l'horloger Deghen, qui était parti avec des ailes et un ballon rond, pourrait être reprise avec quelques chances de succès, avec des hélices et un ballon allongé, en soie. Nous connaissons un habile aéronaute, qui s'occupe en ce moment d'une construction fort intéressante de ce genre.

Si l'on veut se borner à une expérience de dix minutes, la pile voltaïque serait un déplorable agent, inférieur certainement aux accumulateurs Planté. Peut-être de simples ressorts en caoutchouc, système Penaud, seraient-ils préférables.

Le journal le *Temps* rend compte, dans son numéro du 20 septembre, d'une communication faite à l'Association française pour l'avancement des sciences, par M. Mekarsky, ingénieur bien connu par ses travaux sur les chaudières sans foyer, qui pourraient être un excellent organe pour faire des expériences, dont la durée dépasserait certainement celle de MM. Renard et Krebs.

Nous avons entre les mains, le prospectus d'une Compagnie, qui vient de se former pour l'exploitation de l'acide carbonique liquide, et qui fournit au public des réservoirs en fer forgé, pesant 42 kilogrammes et contenant 8 kilogrammes d'acide carbonique, à la pression de 70 atmosphères. Serait-ce donc verser dans l'utopie que de demander si ces appareils ne pourraient permettre une expérience bien plus simple et bien moins coûteuse que les piles de tout genre.

Le devoir du gouvernement n'est pas évidemment de se lier inconsidérément à une méthode plus qu'à une autre, mais de laisser le temps aux idées et aux méthodes de se produire. L'influence des deux expériences que nous avons discutées serait peut-être plus grand si on n'avait essayé de s'entourer d'un mystère illusoire et contraire aux précédents si libéralement inaugurés par le gouvernement de la Défense nationale, au milieu des angoisses de l'année terrible.

Les succès obtenus sont honorables, mais ils ne sont pas de nature à imposer un choix quelconque. Dans l'espèce, l'administration peut, sans manquer de gratitude, conserver sa liberté d'action tout entière.

Cependant quel que soit le parti auquel on s'arrête, il est évident qu'il ne faut pas traiter l'aérostat Renard-Krebs comme on a traité l'aérostat Dupuy de Lôme, et qu'on doit, puisqu'on le possède, l'expérimenter de toutes les manières, et dans toutes les conditions imaginables. C'est seulement en opérant de la sorte que l'on arrivera à recueillir de cette tentative des fruits dignes des sacrifices que s'est imposés l'administration de la guerre.

Il est bon d'ajouter, comme nous l'avons fait dans une conférence prononcée à l'occasion de la célébration du centenaire de la première ascension anglaise, que c'est à Gambetta qu'il faut faire remonter l'honneur de l'idée de ces expériences. C'est seulement à partir du jour où le célèbre tribun fut nommé président de la commission du budget, que la question de la direction des ballons fut réellement posée par le ministre de la guerre, et que les directeurs de l'école aérostatique ont eu à leur disposition les fonds nécessaires.

Mais il ne faut pas oublier que par une coïncidence des plus remarquables la politique du grand tribun ne doit jamais être perdue de vue dans les airs. Plus encore que l'homme d'État qui veut arriver à un but pratique, l'aéronaute doit être *un opportuniste* sachant choisir son vent, changer de couche d'air et évoluer avec rapidité.

La brute sauvage, l'intransigeant bestial, qui voudra arriver quand même en poussant droit devant lui, ne parviendra qu'à faire culbuter son ballon. S'il a assez de force dans son hélice, il est certain qu'il déchirera ses toiles et aboutira à une chute semblable à celle d'Icare.

Les deux sorties du ballon de Meudon ont été suivies, quelques jours après, par une expérience que MM. Tissandier frères ont exécuté avec leur aérostat électrique. Cette fois les deux sympathiques aéronautes n'étaient pas seuls, ils avaient pris à leur bord un ancien marin qui était chargé de leur gouvernail.

L'aérostat Tissandier ne cube que 1,020 mètres, et par conséquent son tonnage ne dépasse pas beaucoup la moitié de celui de Meudon. Il a pu cependant s'élever à une hauteur double ou triple de celle de l'aérostat de Meudon. Moindre cube, plus de charge, altitude supérieure, ascension plus longue voilà des genres d'excellence dont il n'est pas superflu de prendre note.

Comme on le voit, MM. Tissandier ont au moins sur leurs émules le mérite d'avoir construit un *dirigeable* plus maniable. On peut le mener dans une zone où l'on peut s'exposer aux projectiles sans courir des risques absurdes; car si un aérostat restait dans la petite banlieue de la terre, il suffirait d'artilleurs chinois pour l'empêcher de forcer un blocus!

L'ascension en hauteur de MM. Tissandier ne s'est pas seulement bien passée en l'air. Elle n'a été suivie d'aucun accident lors du traînage, quoique le vent soufflât avec assez de violence et que les aéronautes n'aient eu aucune disposition mécanique pour combler le vide intérieur avec lequel ils revenaient à terre. Leurs toiles faisaient *poche* comme celles d'un ballon ordinaire. D'après les explications que nous avons données, il est facile de comprendre que ces heureux résultats sont tous dus, comme ceux que nous avons constatés dans nos ascensions avec le ballon de M. Pompéien, à la faiblesse relative de l'allongement qu'ils ont eu raison d'adopter, afin de ne pas avoir à se préoccuper du défaut de stabilité.

Nous devons ajouter, ce qui est très important, que c'est surtout à grande hauteur que MM. Tissandier sont parvenus à obtenir des résultats avantageux. C'est au sommet de sa trajectoire que leur aérostat paraît avoir offert la rigidité la plus irréprochable.

La raison de cette supériorité, dans les régions où l'appareil Renard-Krebs ne saurait pénétrer sans courir au devant d'un naufrage, est facile à saisir. En effet, tant qu'il ne fait que monter, l'aérostat Tissandier se comporte comme un aérostat ordinaire dont l'appendice est pourvu d'une soupape ; il se gonfle de plus en plus en vertu de la décroissance du pouvoir élastique de l'air, pendant que le gaz tend de plus en plus à sortir. Grâce à l'action des ressorts en caoutchouc retenant la soupape automatique à la Giffard, il arrive donc, à un certain degré de pression, que la perte de gaz n'affaiblit pas ; car il n'en sort que la partie nécessaire pour que la pression intérieure ne dépasse pas la pression limite. L'étoffe reste donc toujours tendue et offre constamment au vent une résistance suffisante.

Tant que le ballon ne cherche point à descendre, le gouvernail joue avec facilité. La corde qui lui sert d'arbre acquiert plus de rigidité et finit par remplir convenablement un office auquel il ne se prête que très médiocrement, lorsque l'enveloppe n'a pas le même degré de tension. On comprend toutefois que l'aéronaute chargé de conduire un ballon dirigeable ne puisse tirer facilement ses bordées aériennes si son mécanisme ne fonctionne que dans des zones de plus en plus élevées. En effet, comme nous l'avons expliqué, la plus puissante machine motrice sera toujours ce que l'on nomme en marine une machine auxiliaire destinée à faciliter la recherche des courants favorables beaucoup plus qu'à se remorquer malgré les vents contraires. Il faut renverser dans l'air le proverbe du Lacédémonien Lysandre et dire qu'on ne peut employer la force que pour les objets que la ruse ne suffit pas pour atteindre.

Mais pour qu'un aérostat, lorsqu'il se rapproche de terre, puisse rester assez complètement gonflé pour se prêter à l'action du propulseur, il faut que son capitaine ait à sa disposition un appareil qui lui permette de lui restituer, sous forme d'air, le gaz qui a été expulsé par la dilatation ; c'est afin de rendre possible cette restitution sans détruire la pureté du gaz que M. Dupuy de Lôme a imaginé de placer à la partie inférieure de son ballon une poche dans laquelle on peut envoyer toute la quantité d'air nécessaire pour remplir le vide intérieur. Cette disposition qui est fort gênante, et qui limite la hauteur de l'excursion de l'aérostat, a pour but d'empêcher que le pouvoir spécifique de l'hydrogène restant ne soit diminué.

Mais est-il nécessaire de se préoccuper du mélange du gaz et de l'air? Ne peut-on pas remplir la partie inférieure du ballon avec un ventilateur sans se préoccuper de séparer le gaz de l'air; ne peut-on pas compter sur la différence de pesanteur spécifique?

Il nous semble que la quantité d'hydrogène perdue, quand l'aérostat remontera de nouveau, et que la dilatation expulsera les zones inférieures, sera probablement des plus minimes, et complètement négligeable au point de vue pratique.

L'expérience est des plus simple avec un ballon qui, comme celui des frères Tissandier emporte dans les airs un tuyau de gonflement pendant inférieurement comme une sorte de cordon ombilical.

En prélevant des échantillons du mélange sortant à différentes reprises, on aurait par l'analyse chimique une réponse à cette question intéressante.

Le hasard a fait faire une remarque curieuse à M. Hervé, professeur au laboratoire d'études de Pithiviers, sur la nature des services qu'un tuyau de ce genre est appelé à rendre, en dehors de la propriété de se prêter aux opérations précédentes.

On le verra se gonfler progressivement à mesure que le ballon pénétrera dans un niveau supérieur; si on le gradue en mètres on aura le meilleur et le plus délicat des instruments de précision pour apprécier les mouvements du globe aérien. Son inspection donnera des résultats bien préférables à tous les baromètres métalliques perfectionnés, et même à la feuille de papier que jettent les aéronautes.

Mais pour que ce nouvel instrument puisse jouer, il faut que le ballon soit tenu toujours plein, ce qui est facile si le bout gradué descend jusqu'à la nacelle et reste attaché à l'orifice du ventilateur dont nous parlions tout à l'heure.

Bien entendu, il ne saurait être question de ce subterfuge, lorsqu'on veut faire servir l'air à maintenir l'aérostat en équilibre malgré son allongement exces sif, car nous avons vu que dans ce cas, il faut deux poches, une à chaque pointe.

Quel que soit le succès de l'expérience que nous conseillons, nous ne craignons pas de prédire qu'il sera plus satisfaisant que l'usage du contre-poids de Meudon et des antennes que les deux officiers ont ajouté à leur aérostat dans l'espoir que cet organe, emprunté aux insectes, leur servirait de gouvernail horizontal.

Mais même dans le cas où l'usage de deux poches permettrait à des aéronautes hardis de monter et descendre à quatre mille mètres avec un ballon ayant la forme d'un cigare ou d'un tuyau de pipe, nous les engagerions à ne point user sans modération de cette faculté si précieuse. Henry Giffard, qu'ils arriveraient, malgré eux, à copier pour les ballons dirigeables, comme ils l'ont fait pour les ballons captifs, a enseigné dans son brevet de 1852 que le mobile aérien n'a pas seulement à fendre l'air qu'il déplace en avant, mais à résister aussi aux frictions que sa périphérie exerce sur l'air. L'illustre fondateur de la direction des ballons conseille bien de diminuer la résistance *frontale* en allongeant dans une certaine mesure ; mais il enseigne aussi qu'il est absurde d'allonger toujours sans tenir compte de la résistance *latérale*. Ce qu'il désire, c'est une forme dans laquelle la somme de la résistance *frontale* et de la résistance *latérale* soit aussi petite que possible ! C'est ce minimum que les calculs ne peuvent donner et qu'il a demandées à l'expérience.

Dans les conversations qu'il a eues avec moi, il reconnaissait avoir été trop loin en 1855. Peut-être n'avait-il pas été assez hardi en 1852, mais le type qu'il voulait essayer, ne se serait pas beaucoup écarté de celui de MM. Tissandier et Dupuy de Lôme. Le type de Meudon n'a probablement pas beaucoup plus d'avenir, que ceux dont il paraît que l'École de Meudon a accouché antérieurement, si l'on en croit les dessins publiés par M. de Grilleau, dans un fort spirituel ouvrage sur les ballons dirigeables, qui vient de paraître à la librairie Dentu. Nos lecteurs y trouveront un grand nombre de détails scientifiques et anecdotiques que nous n'aurions pu examiner ici sans allonger démesurément notre travail.

Le compte rendu que nous avons écrit pour le *Matin*, avec M Jaubert, après avoir suivi de terre les évolutions du ballon Tissandier avec une voiture, constate que dans leur expérience du 8 octobre, nos confrères sont parvenus à diminuer sensiblement la vitesse du courant aérien assez vif qui régnait au-dessus de Paris. On peut donc dire que la pile au bichromate n'a pas fait trop mauvaise figure à côté de la pile argentifère.

Si l'on en croit une description qui nous en est

donnée par M. de Grilleau qui paraît avoir été admis à contempler ce dernier appareil, l'aspect n'en est pas brillant.

« Disons seulement que la batterie se compose d'une multitude de pots, de la dimension d'un verre de lampe, rangés en tuyaux d'orgue, et dégageant des vapeurs nauséabondes, quand la machine est en repos. Ajoutons que les piles sont hors de service au bout de huit heures, alors même qu'elles n'ont pas fonctionné ».

Si notre intention était de compléter le tableau, nous n'aurions qu'à rapprocher ce passage de la description fort exacte que les frères Tissandier ont donnée de leur pile au bichromate, qui est toujours prête à marcher, dont on peut interrompre le fonctionnement autant de fois que l'on veut, qui est tout à fait inodore, et qui, au lieu d'employer une multitude de pots, sans doute aussi pesants que peu commodes, est contenue dans quelques auges en caoutchouc très légères.

Mais, il n'y a aucun intérêt à pousser trop loin ces comparaisons, parce qu'il est bien entendu que les piles au bichromate, comme les autres, ne sont que des organes provisoires, devant, à moins de progrès imprévus, faire place à la machine à vapeur.

Toutefois, il n'est pas superflu de rappeler que la présence à bord d'une pile au bichromate de puissance notable pourra rendre de grands services, pourvu qu'elle ne soit pas encombrante. On pourrait même remplacer ainsi une partie notable du lest, l'eau acidulée étant parfaitement susceptible d'en servir sans aucun inconvénient. En effet, aucun des liquides qu'on laisse tomber d'une hauteur de quelques centaines de mètres n'arrive à terre. Pulvérisés par la pesanteur, ils se résolvent tous plus ou moins rapidement en une espèce de brouillard.

Bien entendu, c'est ce que l'on ne saurait faire avec une pile au chlorure d'argent, à moins de s'exposer à un reproche pire que celui de jeter son argent par les fenêtres.

M. Hervé, le jeune savant dont nous venons de parler a emporté dans une de ces dernières ascensions une pile qui pesait une quarantaine de kilos, et qui lui donnait une lumière supérieure à celle d'une lampe Carcel. Ce physicien n'a pas tardé à voir que la lumière de sa lampe éprouvait des renforcements presque continuels provenant de l'état d'agitation du ballon que mettaient en vibration ses mouvements involontaires les plus légers ainsi que ceux de M. Lair, son aéronaute.

Si ce mode de dépolarisation spontanée est très propre à populariser l'usage de la pile au bichromate, dans les expéditions célestes, permettant de se passer d'un niveau à bulle d'air, il faut avouer que cette circonstance paraît défavorable à l'exécution des observations astronomiques; mais en y réfléchissant, l'on arrive à une opinion tout à fait contraire. En effet, il paraîtra de la dernière évidence que l'aérostat perdra cette terrible instabilité lorsque l'aéronaute aura un moyen mécanique pour lui imprimer une direction propre avec une vitesse suffisante. C'est ce genre de stabilisation qui paraît le résultat le plus immédiat et le plus pratique de la direction des ballons, et qu'une pile électrique habilement construite mettra à même de réaliser plus tôt peut-être qu'on ne le suppose.

Quelque grands que soient les services que les ballons dirigeables sont appelés à rendre pour bombarder des villes ennemies, ce genre d'application ne peut être immédiat puisqu'il suppose une force que les ballons électriques ne sauraient posséder; mais peut-être les ballons électriques, même avec la force restreinte dont ils disposent, sont-ils suffisamment énergiques pour suivre avec fruit le fil du vent auquel ils ne peuvent résister. C'est une question à laquelle il me semble que les expériences précédentes répondent d'une façon victorieuse.

Nous croyons qu'un bon ballon dirigeable comme on peut dorénavant le construire, en profitant de ce que l'on connait de certain, permettra de réaliser le programme que Zambeccari et Pilâtre ont essayé de résoudre au péril de leur vie, avec leur aéro-mongolfière. Je crois que nos ballons allongés actuels, munis des propulseurs dont nous pouvons les armer sans danger, donnent déjà à l'aéronaute le pouvoir de sonder les couches d'air, d'étudier leurs transfigurations, leur vitesse, d'appliquer des lunettes aux observations célestes, en un mot, de changer les bouées flottantes qui entraînent actuellement les aérostats en véritbles observatoires.

L'application que l'on dédaigne encore, à laquelle personne n'a songé, est peut-être la seule qui ait réellement de l'avenir même lorsque l'on aura trouvé le moyen d'appliquer la machine à vapeur à la propulsion aérienne.

Cette opinion parait avoir été celle de la grande commission nommée par le ministre de l'instruction publique pour apprécier le résultat des expériences de

M. Dupuy de Lôme, et qui déclara à l'unanimité que le ballon construit avec tant de soin par cet habile ingénieur devait être employé à des recherches aériennes, en attendant qu'on le pourvût d'une machine à vapeur de la force de huit chevaux, suivant le programme de l'inventeur. En réduisant à ces proportions sages et pratiques l'emploi de ballons dirigeables, nous sommes persuadés que l'on sera surpris de la multitude des applications différentes auxquelles ils se prêteront, du surcroît de sécurité qu'ils donneront aux voyageurs aériens, et des progrès qu'ils permettront de réaliser dans la physique céleste. Mais on ne ferait peut-être que manger de l'argent inutilement si l'on s'entêtait à lutter ouvertement contre des agents naturels dont la puissance dépasse largement tous les moyens mécaniques dont peut disposer l'homme.

Certes, il serait à désirer, comme l'honorable colonel Laussedat en a fait la demande, que l'on instituât une commission d'enquête pour déterminer les droits respectifs des divers inventeurs, des principales idées pratiques d'où peut sortir la navigation aérienne, car il existe à ce sujet une confusion des plus grandes ; et M. le colonel Laussedat en a involontairement donné une preuve mémorable dans son rapport.

Le savant directeur du conservatoire des Arts-et-Métiers, procédant à une revue rapide croit devoir opposer à M. Henry Giffard, une antériorité redoutable, il annonce, que vers 1842, si sa mémoire est exacte, M. Alcan a publié dans les actes de la Société d'encouragement un mémoire dans lequel il a présenté une admirable étude des conditions que doit remplir une machine à vapeur pour servir à la propulsion aérienne.

Nous nous sommes rendu à la Société d'encouragement pour avoir communication d'un mémoire de qui l'on faisait un si remarquable éloge. Quelle ne fut pas notre surprise en voyant que M. Alcan n'avait jamais fait une étude de ce genre, et que sa seule communication relative à la navigation aérienne était un rapport approbatif du ballon de cuivre de Marey-Monge, une des combinaisons les plus bizarres qui soit sorti du cerveau des inventeurs. Il faut même ajouter que cette pièce parut si étrange, qu'après une longue discussion, la Société d'encouragement refusa de l'adopter? Si le directeur du Conservatoire des arts et métiers est exposé à commettre de semblables erreurs, qu'elles bévues ne peut-on pas attendre du commun des martyrs.

Mais il y a quelque chose de bien plus urgent encore, c'est que les recherches effectuées ne demeurent pas frappées de stérilité parce qu'on n'apporte pas à leur continuation le degré d'assiduité nécessaire. Nous sommes loin d'approuver comme on l'a vu la forme extraordinairement allongée du ballon de MM. Renard et Krebs, mais nous serions désolés qu'on lui fit subir le traitement du ballon de M. Dupuy-de Lôme avant d'avoir essayé d'en tirer une série d'épreuves sérieuses.

Que l'on n'oublie pas, qu'il n'y a pas de tentative mal combinée, qui ne puisse produire d'heureux résultats, si on expérimente avec intelligence et si l'on en publie les procès-verbaux sans aucune espèce de réserve. En conséquence, il est impossible d'admettre qu'on ne puisse tirer d'autres renseignements utiles de la manœuvre d'un aérostat dans la combinaison duquel de savants officiers ont montré, somme toute, des qualités précieuses.

Nous venons d'exécuter un voyage en Angleterre et nous avons fait une conférence devant la Société des ballons de Londres. Nous avons été assez heureux pour nous convaincre que les expériences dont nous avons donné le résumé ont excité, de l'autre côté du détroit, la même émotion qu'en France. La Société a même émis le vœu unanime que des expériences soient accomplies aux frais des deux nations pour faire faire un nouveau pas à l'art de la navigation aérienne. Nous ferons tous nos efforts pour que la science de l'air puisse profiter de dispositions aussi favorables.

Mais nous serons amplement récompensé de tous nos efforts, si nous parvenons à faire comprendre qu'il faut commencer par faire un usage sérieux et scientifique des organes déjà construits avant de chercher à en construire de plus parfaits. Puissent nos critiques avoir pour résultat de renouveler les études avec les types connus et expérimentés comme celui de M. Dupuy de Lôme, légèrement modifié peut-être, pour tenir compte des nouvelles données recueillies dans les tentatives récentes.

Il y a beaucoup de gens qui sont opposés à ce que l'État fasse le métier d'inventeur et qui croient que les encouragements aux sciences n'aboutissent le plus souvent qu'à grever le budget de dépenses inutiles. Ces critiques font remarquer que les hommes de génie ne sont pas généralement ceux qui approchent les ministres et suivent les filières officielles. Ils ajoutent que la meilleure et plus sûre manière d'encourager les sciences est de ne pas charger le budget des sommes que les savants dévorent pour des recherches le plus souvent oiseuses.

Nous ne saurions partager les préjugés de ces esprits chagrins, mais il est clair qu'il faut en tenir grandement compte, et que le nouvel épisode de l'histoire des ballons ne paraît pas favorable à la thèse des personnes qui conseillent de réaliser la navigation aérienne à coups de millions.

Il est clair qu'un certain découragement doit s'emparer de l'esprit des philosophes à la suite du coup de tam-tam insensé qui a accompagné les expériences dont nous avons essayé de faire comprendre l'importance.

On aura fait un grand pas vers la solution de ce grand problème, lorsque l'on aura reconnu qu'il est de la nature de ceux qui ne se découvrent à force de génie que s'il est vrai de dire que le génie est une longue patience.

Mais un pas plus essentiel encore, sera de bien comprendre qu'il ne devient nécessaire de triompher du vent que lorsque l'on n'est pas assez intelligent pour s'en servir, ce qui sera possible dans une large mesure dès que nous connaîtrons les symptômes du temps, l'ordre de superposition des courants aériens, et que même au milieu de brouillards épais, nous aurons découvert l'art de rapporter notre sillage à la direction, à peu près immuable de l'aiguille aimantée.

La solution de ces grands problèmes ne suppose en aucune façon que le ballon ait la force de marcher contre le vent, il suffit qu'on lui donne le pouvoir de s'orienter d'une façon quelconque dans l'espace.

Peut-être qu'un des étonnements de la postérité sera,

non pas que nous soyons restés si longtemps à trouver les moyens mécaniques de nous diriger dans les airs, mais que précisément, parce que nous manquons de ces procédés, nous n'ayons point cherché à nous en passer en faisant de la météorologie scientifique, une annexe de l'art de diriger les ballons. Ou nous nous trompons grandement, ou nos descendants riront aux larmes en voyant que nous n'avons pas une seule fois cherché à faire servir nos aérostats au contrôle des prédictions météorologiques! Leur hilarité ne s'arrêtera pas quand on leur dira que, par une sorte de compensation, les successeurs de Mathieu Lœngsberg, exerçaient leur art, sans se préoccuper de la direction des vents que suivent les nuages, et publiaient à grands frais des cartes où ils notaient la direction des girouettes, de ces girouettes dont il ne faut pas plus en météorologie qu'en politique.

Ce sont ces considérations que nous avons développées dans un discours trop long pour que nous puissions le reproduire, et qui a provoqué la manifestation dont tous les journaux anglais ont rendu compte.

Nous espérons que le résultat de notre propagande, sera d'employer à marcher scientifiquement et intelligemment avec le vent, un ballon à la Dupuy de Lôme, marchant soit à l'électricité, soit à la vapeur, mais commode à manœuvrer; n'ayant perdu en recevant un pouvoir moteur aucune des qualités qui distinguent un bon aérostat mais les possèdent au contraire au plus haut degré.

Paris — Typ. Collombon et Brûlé, rue de l'Abbaye, 22.

www.ingramcontent.com/pod-product-compliance
Lightning Source LLC
LaVergne TN
LVHW050452160826
845677LV00003B/754

* 9 7 8 2 3 2 9 6 7 4 4 1 4 *